"十二五"职业教育国家规划教材配套用书

职业教育·土木建筑大类专业教材

经全国职业教育教材审定委员会审定

Gongcheng Celiang Shixun Shouce

工程测量实训手册

陈兰云　陈德标　徐亮亮　主　编

周群美　副主编

程世韬　主　审

班　　级：＿＿＿＿＿＿

小组名称：＿＿＿＿＿＿

学生姓名：＿＿＿＿＿＿

人民交通出版社股份有限公司

北京

目 录
Contents

工程测量实训须知 ··· 1
工作页 1　操作水准仪及实施普通水准测量 ·· 7
工作页 2　实施四等水准测量 ·· 13
工作页 3　测回法观测水平角和竖直角 ·· 19
工作页 4　操作全站仪 ·· 25
工作页 5　实施导线测量 ··· 35
工作页 6　全站仪数字化测图外业数据采集 ··· 45
工作页 7　全站仪坐标放样 ··· 51
工作页 8　中平测量与横断面测量 ··· 55
工作页 9　水准仪-钢尺高程传递 ·· 59
工作页 10　建筑物沉降观测 ·· 63

工程测量实训须知

一、测量实训的目的

工程测量是一门实践性很强的专业基础课,测量实训是教学环节中不可缺少的环节。通过仪器操作、观测、记录、计算、绘图、编写实训报告等工作,可检验和巩固好课堂所学的基本知识和理论,使学生掌握仪器操作的基本技能和测量作业的基本方法,同时培养学生分析问题和解决问题的能力,使学生具有认真、负责、严格、精细、实事求是的科学态度和工作作风。因此,必须对测量实训予以高度重视。

微课视频:测量实训安全须知

二、测量实训的要求

测量实训的要求如下。

(1)测量实训之前,必须认真阅读本书和复习教材中的相关内容,理解基本概念和实训目的、要求、方法、步骤和有关注意事项,使实训工作能顺利按计划完成。

(2)应于实训前准备好所需文具,如铅笔、橡皮、小刀、计算器、三角板等。

(3)实训分小组进行,组长负责组织和协调实训各项工作及仪器工具的借领、保管和归还。

(4)对实训规定的各项内容,小组内每人均应轮流操作,实训报告应独立完成。

(5)实训应在规定时间内进行,不得无故缺席、迟到或早退;实训应在指定地点进行,不得擅自变更地点。

(6)必须遵守本书中所列的"借用规则"和"测量记录与计算规则"。

(7)应认真听取教师的指导,实训的具体操作应按实训指导书的要求、步骤进行。

(8)测量实训中出现仪器故障、工具损坏和丢失等情况时,必须及时向指导教师报告,不可随意自行处理。

(9)测量实训结束时,应把观测记录和实训报告交实训指导教师审阅,经教师认可后方可收拾和清理仪器工具,归还仪器室。

三、测量仪器工具的借用规则

测量仪器一般比较贵重,对测量仪器的正确使用、精心爱护和科学保养,是测量工作人员必须具备的素质和应该掌握的技能,也是保证测量成果质量、提高工作效率和延长仪器工具使用寿命的必要条件。测量仪器工具的借用必须遵守以下规则。

(1)以小组为单位凭有效证件前往测量仪器室,借领实训书上注明的仪器工具。

(2)借领时,应确认实物与实训书上所列仪器工具是否相符,仪器工具是否完好,仪器背带和提手是否牢固。如有缺损,立即补领或更换。借领时,各组依次由2~3人进入室内,在指定地点清点、检查仪器和工具,然后在登记表上填写班级、组号及日期。借领人签名后将登记表及学生证交管理人员。

(3)仪器搬运前,应检查仪器箱是否锁好,搬运仪器工具时,应轻拿轻放,避免剧烈振动和碰撞。

(4)实训过程中,各组应妥善保护仪器工具,各组间不得任意调换仪器工具。

(5)实训结束后,应清理仪器工具上的泥土,及时收装仪器工具,送还仪器室检查。

(6)爱护测量仪器工具,仪器工具若有损坏或遗失,应填写报告单说明情况,并按有关规定赔偿。

四、数据记录、计算及成果处理的有关规定

1. 测量资料的记录要求

测量资料的记录是测量成果的原始数据,十分重要。为保证原始数据的绝对可靠,实训时即应养成良好的职业习惯。测量资料的记录要求如下。

(1)实训记录必须直接填写在规定之表格上,不得转抄,更不得用零散纸张记录,再进行转抄。

(2)观测者读数后,记录者应立即回报读数,经核实后再记录。

(3)记录与计算均用2H或3H绘图铅笔记载。应字体端正清晰、数字齐全、数位对齐、字脚靠近底线,字体大小应略大于格子的一半,以便留出空隙改错。

(4)记录表格上规定应填写之项目不得空白。

(5)禁止擦拭、涂抹与挖补,发现错误应在错误处用横线划去。淘汰某整个部分时可以斜线划去,不得使原数字模糊不清。修改局部(非尾数)错误时,则将局部数字划去,将正确数字写在原数字上方。

所有记录的修改和观测成果的淘汰,必须在备注栏注明原因(如测错、记错或超限等)。

(6)禁止连环更改(如水准测量的黑、红面读数;角度测量中的盘左、盘右读数;距离丈量中的往、返测读数等,均不能同时更改,否则重测),即已修改了平均数,则不准再改计算得此平均数之任一原始读数;改正任一原始读数,则不准改其平均数。若两个读数均错误,则应重测重记。

(7)原始观测之尾部读数不准更改,应将该部分观测结果废去重测。废去重测之范围如表0-1所示。

废去重测之范围　　　　　　　　表0-1

测量种类	不准更改之部位	应重测范围
水平角	分及秒的读数	一测回
竖直角	分及秒的读数	一测回
量距	厘米及毫米	一尺段
水准	厘米及毫米的读数	一测站

(8) 记录之数字应写齐规定的位数,规定如表 0-2 所示。

数字应记录的位数　　　　　　　　　　　　　　表 0-2

测量种类	数字的单位	记录位数
水准	mm	4
角度的分	′	2
角度的秒	″	2

如水准测量中读数 325mm 应记 0325,角度测量中 4°3′6″应记 4°03′06″。

(9) 数据的计算应根据所取的位数,按"4 舍 6 入,5 前单进双舍"的规则进行凑整。例如,若取至毫米位则 1.1084m、1.1076m、1.1085m、1.1075m 都应记为 1.108m。

(10) 每测站观测结束后,必须在现场完成规定的计算和检核,确认无误后方可迁站。

(11) 外业的记录及计算部分取位如表 0-3 ~ 表 0-5 所示。

水准测量的记录及计算部分取位　　　　　　　　　　表 0-3

视距/m	视距总和/km	中丝读数/mm	高差中数/mm	高差总和/mm
0.1	0.01	1	0.1	1

角度测量的记录及计算部分取位　　　　　　　　　　表 0-4

读数/(″)	一测回中数/(″)
1	1

距离丈量的记录及计算部分取位　　　　　　　　　　表 0-5

读数/cm	一测回中数/cm
0.5	1.0

2. 测量成果的整理、计算及计算作业要求

(1) 测量成果的整理与计算应用规定的印刷表格或事先画好的计算表格进行。

(2) 内业计算用钢笔书写,如计算数字有错误,可以用刀片刮去重写,或将错字划去另写。

(3) 计算作业的取位如表 0-6 和表 0-7 所示。

水准测量的取位　　　　　　　　　　　　　　表 0-6

改正数/mm	最后高差/mm	点的高程/m
1	1	0.001

导线测量的取位　　　　　　　　　　　　　　表 0-7

角度/(″)	坐标方位角/(″)	距离/m	坐标增量/m	坐标/m
1	1	0.001	0.001	0.001

(4) 上交计算成果应是原始计算表格,所有计算均不许另行抄录。

(5) 教师批阅后要求改正或重做的部分应按时完成并交指导教师重新批阅。

五、测量仪器、工具的操作规程

1. 打开仪器箱时的注意事项

(1)仪器箱应平放在地面或其他台子上才能打开,不要托在手上或抱在怀里打开,以免不小心将仪器摔坏。

(2)开箱后未取出仪器前,要注意仪器安放的位置与方向,以免使用完毕装箱时因安放位置不正确而损伤仪器。

2. 自箱内取出仪器时的注意事项

(1)不论何种仪器,在取出前一定要先放松制动螺旋,以免取出仪器时因强行扭转而损坏制、微动装置,甚至损坏轴系。

(2)自箱内取出仪器时,应一手握住照准部支架,另一手扶住基座部分,轻拿轻放,不要用一只手抓仪器。

(3)自箱内取出仪器后,要随即将仪器箱盖好,以免沙土、杂草等不洁之物进入箱内。还要防止搬动仪器时丢失附件。

(4)取仪器和使用过程中,要注意避免触摸仪器的目镜、物镜或用手帕等物去擦仪器的目镜、物镜等光学部分。

3. 架设仪器时的注意事项

(1)伸缩式脚架三条腿抽出后,要把固定螺旋拧紧,但不可用力过猛,以免造成螺旋滑丝;同时,防止因螺旋未拧紧而使脚架自行收缩摔坏仪器。三条腿拉出的长度要适中。

(2)架设脚架时,三条腿分开的跨度要适中。并得太靠拢易被碰倒,分得太开易滑,都会造成事故。若在斜坡上架设仪器,应使两条腿在坡下(可稍放长),一条腿在坡上(可稍缩短)。若在光滑地面上架设仪器,要采取安全措施(如用细绳将三脚架连接起来或用防滑板),防止滑动摔坏仪器。

(3)架设仪器时,应使架头大致水平(安置经纬仪的脚架时,架头的中央圆孔应大致与地面测站点对中),若地面为泥土地面,应将脚架尖踩入土中,以防仪器下沉。

(4)从仪器箱取出仪器时,应一手握住照准部支架,另一手扶住基座部分,然后将仪器轻轻安放到架头上。一手仍握住照准部支架,另一手将中心连接螺旋旋入基座底板的连接孔内旋紧。预防因忘记拧上连接螺旋或拧得不紧而摔坏仪器。

(5)仪器箱不能承重,故不可踏、坐仪器箱。

4. 仪器在使用过程中的注意事项

(1)在阳光下或雨天作业时必须撑伞,防止日晒和雨淋(包括仪器箱)。

(2)任何时候仪器旁必须有人守护,禁止无关人员搬弄和防止行人、车辆碰撞。

(3)如遇目镜、物镜外表面蒙上水汽而影响观测,应稍等一会儿或用纸片扇风使水汽散尽;如镜头有灰尘,应用仪器箱中的软毛刷拂去或用镜头纸轻轻拭去。严禁用手指或手帕等物擦拭,以免损坏镜头上的药膜。观测结束后应及时安上物镜盖。

(4)转动仪器时,应先松开制动螺旋,然后平稳转动。使用微动螺旋时,应先拧紧制动螺旋。

(5)操作仪器时,用力要均匀,动作要准确轻缓。用力过大或动作太猛都会造成仪器损坏。制动螺旋不能拧得太紧,微动螺旋和脚螺旋不要旋到顶端,宜使用中段螺纹。使用各种螺旋不要用力过大或动作太猛,应用力均匀,以免损伤螺纹。

(6)仪器使用完毕装箱前要放松各制动螺旋,装入箱内要试合一下,在确认安放正确后,将各部制动螺旋略为拧紧,防止仪器在箱内自由转动而损坏某些部件。

(7)清点箱内附件,若无缺失则将箱盖合上、扣紧、锁好。

(8)仪器发生故障时,应立即停止使用,并及时向指导教师报告。

5. 仪器搬迁时的注意事项

(1)远距离迁站或通过行走不便的地区时,必须将仪器装箱后再迁站。

(2)在平坦地区近距离迁站时,可将仪器连同脚架一同搬迁。其方法是先检查连接螺旋是否拧紧,然后松开各制动螺旋使仪器保持初始位置(经纬仪望远镜物镜对向度盘中心,水准仪物镜向后),再收拢三脚架,一手托住仪器的支架或基座于胸前,一手抱住脚架放在肋下,稳步行走。严禁斜扛仪器或奔跑,以防碰摔。

(3)迁站时,应清点所有的仪器和工具,防止丢失。

6. 仪器装箱时的注意事项

(1)仪器使用完后,应及时清除仪器上的灰尘和仪器箱、脚架上的泥土,安上物镜盖。

(2)仪器拆卸时,应先松开各制动螺旋,将脚螺旋旋至中段大致同高的地方,再一手握住照准部支架,另一只手将中心连接螺旋旋开,双手将仪器取下装箱。

(3)仪器装箱时,使仪器就位正确,试合箱盖,确认放妥后,再拧紧各制动螺旋,检查仪器箱内的附件是否缺少,然后关箱上锁。若箱盖合不上,说明仪器位置未放置正确或未将脚螺旋旋至中段,应重放,切不可强压箱盖,以免压坏仪器。

(4)清点所有的仪器和工具,防止丢失。

7. 测量工具的使用

(1)使用钢尺时,应避免打结、扭曲,防止行人踩踏和车辆碾压,以免钢尺折断。携尺前进时,应将尺身离地提起,不得在地面上拖曳,以防钢尺尺面刻划磨损。钢尺用毕后,应将其擦净并涂铂防锈。钢尺收卷时,应一人拉持尺环,另一人把尺顺序卷入,防止绞结、扭断。

(2)使用皮尺时,应均匀用力拉伸,避免强力拉曳而使皮尺断裂。如果皮尺浸水受潮,应及时晾干。皮尺收卷时,切忌扭转卷入。

(3)各种标尺和花杆的使用,应注意防水、防潮和防止横向受力。不用时安放稳妥,不得垫坐,不要将标尺和花杆随便往树上或墙上立靠,以防滑倒摔坏或磨损尺面。花杆不得用于抬东西或作标枪投掷。使用塔尺时,还应注意接口处的正确连接,用后及时收尺。

(4)使用测图板时,应注意保护板面,不准乱戳乱画,不能施以重压。

(5)使用小件工具如垂球、测钎和尺垫等时,用完即收,防止遗失。

工作页 1　操作水准仪及实施普通水准测量

一、下达工作任务

工作任务如表 1-1 所示。

工作任务表　　　　　　　　　　　　　　　　表 1-1

任务内容:操作水准仪及实施普通水准测量(4 学时)			
小组号		场地号	
任务要求： 1.认清水准仪的各个组成部件,会熟练操作水准仪； 2.根据实地地形选择测站和转点,完成一个闭合或附合水准路线的布设； 3.完成普通水准测量的外业观测、记录和内业计算		工具： 自动安平水准仪 1 台；水准尺 1 对；三脚架一个；尺垫 2 块	组织： 1.全班按每小组 4~6 人分组进行,每小组推选一名组长和一名副组长； 2.组长总体负责本组人员的任务分工,要求组内各成员能相互配合,协调工作； 3.副组长负责仪器的借领、归还和仪器的安全管理等事务
技术要求： 1.仪器应安置于前、后视点中间位置； 2.读数应读到毫米位,记录四位数字,不能省略其中的"0"； 3.每组每人以不同仪器高观测同一前、后视点,高差之差不能超过 5mm； 4.高差闭合差 $f_h \leqslant \pm 40\sqrt{L}$mm(或 $\pm 12\sqrt{n}$mm),L 为千米数,n 为测站数,若超限则重测			

二、实训指导

1. 安置仪器

松开三脚架的伸缩螺旋,按需要调节三条腿的长度后,旋紧螺旋。安置脚架时,应使架头大致水平。在泥土地面,应将脚架的脚尖踩入土中,以防仪器下沉；对水泥地面,要采取防滑措施；对倾斜地面,应将三脚架的一个脚安放在高处,另两只脚安置在低处。

打开仪器箱,记住仪器摆放位置,以便仪器装箱时按原位置摆放。双手将仪器从仪器箱中拿出平稳地放在脚架架头,接着一手握住仪器,另一手将中心螺旋旋入基座内旋紧。

2. 水准仪的主要部件和作用

了解水准仪的外形、主要部件的名称与作用及使用方法。了解水准尺分划注记的规律,掌握读尺方法(<u>望远镜中的水准尺影像楔形缺口在哪边,读数就朝哪边增加</u>)。

3. 粗平

粗平就是旋转脚螺旋使圆水准器气泡居中,从而使仪器大致水平。为了快速粗平,对坚实地面,可固定脚架的两条腿,一手扶住脚架顶部,另一手握住第三条腿作前后左右移动,眼睛看着圆水准器气泡,使之离中心不远(一般位于中心的圆圈内即可),然后用脚螺旋粗平。脚螺旋的旋转方向与气泡移动方向之间的规律：气泡移动的方向与左手大拇指转动脚螺旋的方向一致,同时右手大拇指转动同一方向的另一个脚螺旋进行相对运动。

从仪器构造上理解脚螺旋的旋转方向与气泡移动方向之间的规律:**气泡在哪个方向则哪个方向位置高**;脚螺旋顺时针方向(俯视)旋转,则此脚螺旋位置升高,反之则降低。

4. 照准水准尺

转动**目镜**对光螺旋,使十字丝清晰;然后松开水平制动螺旋,转动望远镜,利用望远镜上部的准星与缺口照准目标,旋紧制动螺旋;再转动**物镜**对光螺旋,使水准尺分划成像清晰;此时,若目标的像不在望远镜视场的中间位置,可转动水平微动螺旋,对准目标。随后**眼睛在目镜端略作上下移动**,检查十字丝与水准尺分划像之间是否有相对移动,如有,则存在**视差**,需重新进行目镜对光和物镜对光,消除视差。

5. 精平与读数

精平就是转动微倾螺旋,使水准管气泡两端的半边影像吻合成椭圆弧抛物线形状(U形),使视线在照准方向精确水平。操作时,右手大拇指旋转微倾螺旋的方向与左侧半气泡影像的移动方向一致。(**自动安平水准仪省略此步骤**。)

精平后,以十字丝中横丝读出尺上的数值,读取4位数字。尺上在分米处注字,每个黑色(或红色)和白色分格为1cm。读数时应注意尺上的注字由小到大(楔形缺口方向)的顺序,读出米、分米,数出厘米,估读至毫米。

综上所述,水准仪的**基本操作程序为安置—粗平—照准—(精平)读数**。

6. 注意事项

(1)仪器安放在三脚架头上,**必须旋紧连接螺旋**,使连接牢固,再旋转水平微动螺旋。

(2)用水准仪进行瞄准、读数时,**水准尺必须立竖直**。若尺子的左、右倾斜,观测者在望远镜中根据竖丝上可以发觉,而尺子的前后倾斜则不易发觉,立尺者应注意。

(3)进行水准仪读数前,必须使**长水准管气泡严格居中**,照准目标必须**消除视差**。

(4)从水准尺上读数必须读4位数:米、分米、厘米、毫米。记录数据应以米或毫米为单位,如2.275m 或2275mm。

三、实训记录

(1)认识图1-1所示水准仪,并在表1-2中写出各部件的名称。

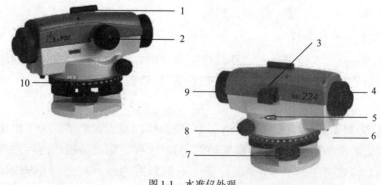

图1-1 水准仪外观

水准仪各部件说明表　　　　　　　　　　　　　　　　　　　表 1-2

图示中的编号	部件名称	用途
1		
2		
3		
4		
5		
6		
7		
8		
9		
10		

(2)掌握以下几个动作的先后次序,用阿拉伯数字注明在(　　)内。
(　)旋转脚螺旋调圆水准器气泡居中。
(　)对光消除视差。
(　)瞄准水准尺。
(　)旋转目镜筒调清十字丝。
(　)读数。
(　)安置仪器。

(3)制订水准测量实施方案,填写表 1-3。

任务分工表　　　　　　　　　　　　　　　　　　　　　　　表 1-3

小组号				场地号	
分工安排					
序号	观测者	记录、计算者	立尺者	路线示意图	

请在下面空白处写出任务实施的简要方案,内容包括操作步骤、技术要求和注意事项等:

(4)整理观测记录与数据,填写表1-4。

水准测量外业记录手簿 表1-4

日期:_____ 天气:_____ 仪器型号:_____ 观测者:_____ 记录者:_____

测站	点号	后视读数	前视读数	高差	高程	备注
Σ						
计算校核	$\Sigma a - \Sigma b =$ $f_h =$		$\Sigma h =$ $f_{h容} =$		$H_{终} - H_{始} =$	

(5)完成高程平差计算,填写表1-5。

水准测量平差计算表 表1-5

点号	距离/km 或测站数	实测高差/m	改正数/mm	改正后高差/m	高程/m
辅助计算					

四、自我评估与评定反馈

(1) 学生进行自我评估,填写表1-6。

学生自我评估表　　　　　　　　　　　　　　　　　表1-6

实训项目					
小组号		场地号		实训者	
序号	检查项目	比重分	要求		自我评定
1	任务完成情况	40	按要求按时完成实训任务		
2	实训记录	20	记录规范、完整		
3	实训纪律	20	不在实训场地打闹,无事故发生		
4	团队合作	20	服从组长的任务分工安排,能配合小组其他成员工作		

实训反思:

小组评分:_____　　　　　　　　组长:_____

(2) 教师进行评定反馈,填写表1-7。

教师评定反馈表　　　　　　　　　　　　　　　　　表1-7

序号	操作内容	评分标准	分值	得分
1	仪器操作规范性	圆水准器气泡未居中,一次扣5分; 脚架架设不稳定或有碰动(骑马观测),一次扣5分; 迁站时仪器未竖立、脚架未收拢,一次扣5分	20	
		不顾安全狂跑或仪器2m内无人看管或仪器摔地,扣100分; 未穿实训服扣50分; 以上之外的违规情况酌情扣分; 操作正确得20分		
2	记录规范性	转抄成果;厘米、毫米改动;涂改、就字改字;连环涂改;用橡皮擦、刀片刮;观测与计算数据不一致;一处扣5分	20	
		记录者无回报读数,一站扣2分; 每测站记录表格没有填写完整,一处扣5分; 记录、计算的占位"0""±"填写,违反一处扣3分		
		以上之外的违规情况酌情扣分; 记录规范得20分		
3	成果精度	水准路线闭合差计算错误或$\geq 40\sqrt{L}$mm 或 $12\sqrt{n}$mm,扣40分;闭合差在$\pm(10\sim20)$mm之内扣10分;闭合差$<\pm10$mm不扣分	40	
		待测点的高程平差计算,计算错误一点扣10分		

续上表

序号	操作内容	评分标准	分值	得分
4	设备归位	测量设备(水准仪、脚架等)未摆放整齐扣5分； 仪器设备有损坏或遗失扣50分； 发生重大安全事故扣100分	10	
5	操作时长	开始时间：　　　结束时间：　　　总用时： 个人一测站操作时长≤20min,得10分； 20min＜操作时长≤30min,得"30－操作时长"分； 操作时长＞30min,扣100分	10	
存在问题：			总分	
考核教师：　　　　年　　　月　　　日				

工作页 2　实施四等水准测量

一、下达工作任务

工作任务如表 2-1 所示。

工作任务表　　　　　　　　　表 2-1

任务内容:实施四等水准测量(4 学时)			
小组号		场地号	
任务要求： 完成四等水准测量的观测、记录及计算	工具： 自动安平水准仪 1 台；水准尺 1 对；尺垫 2 块；三脚架一个	组织： 1. 全班按每小组 4~6 人分组进行，每小组推选一名组长和一名副组长； 2. 组长总体负责本组人员的任务分工，要求组内各成员能相互配合，协调工作； 3. 副组长负责仪器的借领、归还和仪器的安全管理等事务	
技术要求： 1. 每测段为偶数站；视线长度≤100m 或前后视距差≤5m；任一测站上前后视距差累积≤10m；黑、红面读数较差≤3mm；黑、红面所测高差较差≤5mm； 2. 高差闭合差 f_h ≤ ±20$\sqrt{L}$mm(或 ±6$\sqrt{n}$mm)，L 为千米数，n 为测站数，若超限则重测			

二、实训指导

1. 每站的观测

四等水准测量可采用双面尺法，前后尺的尺常数一支为 4.687m，另一支为 4.787m。每一站的观测顺序为：

①照准后视尺的黑面，读上、下、中丝(1)、(2)、(3)；
②照准后视尺的红面，读中丝(4)；
③照准前视尺的黑面，读上、下、中丝(5)、(6)、(7)；
④照准前视尺的红面，读中丝(8)。

以上(1)~(8)表示观测与记录的顺序。这样的观测顺序,简称为"后—后—前—前"。

注意：每次中丝读数前，水准管气泡必须严格居中。

2. 每站的计算与检核

每站上的计算，分为视距、高差和检核计算。

(1)视距计算

后视距离：(11) = [(1) - (2)] × 100。
前视距离：(12) = [(5) - (6)] × 100。

视距差:(13)=(11)-(12),规定要求此误差不得大于5m。
视距累积差:(14)=(13)本站+(14)前站,规定要求累积差不得大于10m。使用倒像仪器,则(11)=[(2)-(1)]×100,(12)=[(6)-(5)]×100。

(2)高差计算

黑面所测高差:(15)=(3)-(7)。
红面所测高差:(16)=(4)-(8)。
黑红面所测高差之差:(9)=(3)+K-(4)。
　　　　　　　　　　(10)=(7)+K-(8)。
平均高差:(18)=$\frac{1}{2}${(15)+[(16)±0.1]}。

(3)检核计算

(17)=(15)-[(16)±0.1]=(9)-(10)。

(18)=$\frac{1}{2}${(15)+[(16)±0.1]}=(15)-$\frac{1}{2}$(17)。

每页检核中,当测站为偶数时,有

$$\sum(18)=\frac{1}{2}[(\sum(3)-\sum(7))+(\sum(4)-\sum(8))]$$

当测站为奇数时,有

$$\sum(18)=\frac{1}{2}[(\sum(3)-\sum(7))+(\sum(4)-\sum(8))±0.1]$$

距离检核计算为

$$\sum 后距 - \sum 前距 = \sum d$$

$\sum d$ 要与本页最后一站的积累相同。

三、实训记录

(1)制订水准测量实施方案,填写表2-2。

表2-2
任务分工表

小组号			场地号	
分工安排				
序号	观测者	记录、计算者	立尺者	路线示意图
请在下面空白处写出任务实施的简要方案,内容包括操作步骤、技术要求和注意事项等:				

（2）整理观测记录与数据，填写表2-3。

四等水准测量记录手簿

表 2-3

日期：_____ 天气：_____ 仪器型号：_____ 组号：_____

观测者：_____ 记录者：_____ 立尺者：_____

测站编号	点号	后尺 上丝/下丝 后距/m 视距差 d/m	前尺 上丝/下丝 前距/m ∑d/m	方向及尺号	水准尺中丝读数 黑面	水准尺中丝读数 红面	K+黑－红	平均高差/m	备注
		(1)	(5)	后	(3)	(4)	(9)		
		(2)	(6)	前	(7)	(8)	(10)		
		(11)	(12)	后－前	(15)	(16)	(17)	(18)	
		(13)	(14)						
每页校核	∑后视距 = ∑前视距 = ∑后视距 － ∑前视距 =				∑平均高差 =				

续上表

测站编号	点号	后尺 上丝		前尺 上丝		方向及尺号	水准尺中丝读数		K+黑-红	平均高差/m	备注
		后距/m		前距/m			黑面	红面			
		视距差 d/m		$\sum d$/m							
		(1)		(5)		后	(3)	(4)	(9)		
		(2)		(6)		前	(7)	(8)	(10)		
		(11)		(12)		后−前	(15)	(16)	(17)	(18)	
		(13)		(14)							
每页校核	$\sum$后视距 = $\sum$前视距 = $\sum$后视距 − $\sum$前视距 =						$\sum$平均高差 =				

（3）完成内业计算，填写表2-4。

水准测量内业计算表   表2-4

点号	距离 km/或测站数	实测高差/m	改正数/mm	改正后高差/m	高程/m
辅助计算					

四、自我评估与评定反馈

（1）学生进行自我评估，填写表2-5。

学生自我评估表   表2-5

实训项目					
小组号		场地号		实训者	
序号	检查项目	比重分	要求		自我评定
1	任务完成情况	40	按要求按时完成实训任务		
2	实训记录	20	记录规范、完整		
3	实训纪律	20	不在实训场地打闹，无事故发生		
4	团队合作	20	服从组长的任务分工安排，能配合小组其他成员工作		
实训反思：					

小组评分：_____　　　　　组长：_____

(2)教师进行评定反馈,填写表 2-6。

教师评定反馈表　　　　　　　　　　　　　　　　表 2-6

序号	操作内容	评分标准	分值	得分
1	仪器操作规范性	每测段为偶数站,违反一次扣 20 分; 视线长度≤100m 或前后视距差≤5m,违反一次扣 5 分; 任一测站上前后视距差累积≤10m,违反一次扣 5 分; 黑、红读数较差≤3mm,违反一次扣 5 分; 黑、红面所测高差较差≤5mm,违反一次扣 5 分	20	
		不顾安全狂跑或仪器 2m 内无人看管或仪器摔地,扣 100 分; 未穿实训服扣 50 分; 以上之外的违规情况酌情扣分; 操作正确得 20 分		
2	记录规范性	转抄成果;厘米、毫米改动;涂改、就字改字;连环涂改;用橡皮擦,刀片刮;观测与计算数据不一致;一处扣 5 分	20	
		记录者无回报读数,一站扣 2 分; 每测站记录表格没有填写完整,一处扣 5 分; 记录、计算的占位"0""±"填写,违反一处扣 3 分		
		以上之外的违规情况酌情扣分; 记录规范得 20 分		
3	成果精度	水准路线闭合差计算错误或≥20$\sqrt{L}$mm 或 6$\sqrt{n}$mm 扣 40 分;闭合差超过±20mm 但在限差内扣 20 分;闭合差在±(10~20)mm 之内扣 10 分;闭合差±10mm 不扣分	40	
		待测点的高程平差计算,计算错误一点扣 10 分		
4	设备归位	测量设备(水准仪、脚架等)未摆放整齐扣 5 分; 仪器设备有损坏或遗失扣 50 分; 发生重大安全事故扣 100 分	10	
5	操作时长	开始时间:　　　结束时间:　　　总用时: 个人一测站操作时长≤20min,得 10 分; 20min<操作时长≤30min,得"30 - 操作时长"分; 操作时长>30min,扣 100 分	10	
存在问题:			总分	
考核教师:_____年_____月_____日				

工作页3　测回法观测水平角和竖直角

一、下达工作任务

工作任务如表3-1所示。

工作任务表　　　　　　　　　　　　　　　表3-1

任务内容：测回法观测水平角和竖直角(4学时)			
小组号		场地号	
任务要求： 1.认清经纬仪的各个组成部件； 2.练习操作经纬仪，学会经纬仪对中、整平、瞄准和读数的方法； 3.每组完成一个闭合三角形路线水平角的观测，且每个内角观测两个测回； 4.每位同学完成1个竖直角的观测。		工具： 电子经纬仪(或全站仪)1台；标杆1对；三脚架一个；记录板1块	组织： 1.全班按每小组4~6人分组进行，每小组推选一名组长和一名副组长； 2.组长总体负责本组人员的任务分工，要求组内各成员能相互配合，协调工作； 3.副组长负责仪器的借领、归还和仪器的安全管理等事务
技术要求： 1.仪器整平误差应小于水准管分划一格，对中误差应小于3mm； 2.度盘读数及算得角值中的分、秒必须记录两位数字，不得省去其中的"0"； 3.上、下半测回的角值差不应大于±40″，各测回间互差不应大于±24″； 4.指标差的变动范围不超过25″。			

二、实训指导

1. 水平角观测的方法和步骤

(1) 各组在指定地点设置测站点 O 和测点 A(左目标)、B(右目标)，构成一个水平角∠AOB。

(2) 安置仪器。打开三脚架，使其高度适中架头大致水平。打开仪器箱双手握住仪器支架，将仪器取出置于架头上，一手握支架，一手拧紧中心螺旋。

(3) 认识下列部件，了解其用途及用法：

脚螺旋，照准部水准管，目镜、物镜调焦螺旋，望远镜、照准部制动螺旋和微动螺旋，水平度盘变换螺旋，竖直度盘和竖盘指标水准管，光学对中器。

(4) 仪器操作：主要包括光学对中器的调节、对中和整平三大步骤。

①**光学对中器的调节**：三脚架放于地面点位的上方，调节光学对中器的目镜调焦螺旋，使分划板上的小圆圈清晰；再拉伸对中器镜管，使能同时看清地面点和目镜中的小圆圈。调节后应注意**眼睛在目镜端略作上下移动**，检查地面点与目镜中的小圆圈之间是否有相对移动，如有，则存在视差，需重新进行光学对中器调节，消除视差。

②对中：包括(移动脚架)粗对中和(调节脚螺旋)精对中两步。踩紧操作者对面的一只三脚架腿，用双手将其他两只架腿略微提起，目视对中器目镜并移动两架腿，使镜中小圆圈对准地面点(粗对中)；将两架腿轻轻放下并踩紧，镜中小圆圈与地面点若略有偏离，则可旋转脚螺旋使其重新对准(精对中)，使测站点移至刻画圈内(对中误差小于3mm)，至符合要求为止。

③整平：包括(伸缩架腿)粗平和(调节脚螺旋)精平两步。对中完毕之后，伸缩三脚架腿，使基座上的圆水准器中的气泡居中(粗平)，之后调节脚螺旋整平水准管气泡(精平)。

➤粗略整平。观察圆水准气泡的位置，判别应该升高或降低哪个架腿，直至调整圆水准器中的气泡居中为止。升降架腿时，左手大拇指应压在架腿的下端，其余四指抓紧架腿的上端，这样即使松开架腿伸缩制动螺旋，架腿也不会大起大落，同时可以控制架腿的微调。升降架腿时须注意不要移动三脚架。

➤精平。转动照准部，使水准管平行于任意一对脚螺旋，相对旋转这对脚螺旋，使水准管气泡居中；再将照准部绕竖轴转动90°，旋转第三只脚螺旋，仍使水准管气泡居中。再转动90°，检查水准管气泡误差，最后检查水准管平行于任意一对脚螺旋时的水准管气泡是否居中，直到小于分划线的一格为止。

对中和整平工作要交替进行。精平之后应观察对中器目镜，若小圆圈与地面点有偏离，则可松紧连接螺旋一半处，平移仪器使其对中，旋紧连接螺旋。有时平移基座后，水平盘水准管气泡不居中，此时需要重新精平。重复上述步骤直至同时满足对中和整平。

(5)照准。①调节目镜调焦螺旋看清十字丝；②用照门和准星盘左粗略照准左目标A，旋紧照准部和望远镜制动螺旋；③调节物镜调焦螺旋看清目标并消除视差；④调节照准部和望远镜微动螺旋，用十字丝交点精确照准A，读取水平度盘读数；⑤松动两个制动螺旋，按照顺时针方向转动照准部，再按照②~④方法照准右目标B，读取水平盘读数；⑥纵转望远镜成盘右，先照准右目标B，读数，再逆时针方向转动照准部，照准左目标A，读数。至此完成一测回水平角观测。

(6)读数。打开反光镜，调节反光镜使读数窗亮度适当，旋转读数显微镜的目镜，看清读数窗分划，根据使用的仪器用测微尺或单板平板玻璃测微尺读数。

(7)记录、计算。

2. 竖直角观测的方法和步骤

(1)在指定地点设置测站点O和测点A、B。

(2)安置、对中和整平仪器。这三步的操作与水平角观测相同。

(3)盘左观测。以盘左位置瞄准目标点，使十字丝中丝精确切准点A花杆顶端。调节竖盘指标水准管微动螺旋，使竖盘指标水准管气泡居中，读取竖盘读数L，记入手簿。

(4)盘右观测。以盘右位置同盘左方法瞄准点A相同部位(花杆顶端)，调整竖盘指标水准管气泡居中，读取竖盘读数R，记入手簿。

(5)计算竖直角。根据公式$\alpha_L = 90° - L$、$\alpha_R = R - 270°$和$\alpha = (\alpha_L + \alpha_R)/2$计算相关数字，将计算结果记入手簿。

(6)指标差x的计算与检核。根据公式$x = (\alpha_R - \alpha_L)/2$计算标差$x$，将结果记入手簿。

(7)点B的观测方法与计算和点A同。

三、实训记录

(1) 认识图 3-1 所示的经纬仪,并在表 3-2 中写出各部件的名称。

图 3-1 经纬仪外观

经纬仪各部件说明表　　　　　　　　　　　　　　　表 3-2

图示中的编号	部件名称	图示中的编号	部件名称
1		8	
2		9	
3		10	
4		11	
5		12	
6		13	
7			

(2) 制订角度测量实施方案,填写表 3-3。

任务分工表　　　　　　　　　　　　　　　表 3-3

小组号			场地号		
分工安排					
测站	观测者	记录、计算者	立杆者	路线示意图	
请在下面空白处写出任务实施的简要方案,内容包括操作步骤、技术要求和注意事项等:					

(3) 观测水平角,并填写表 3-4。

水平角观测记录手簿　　　　　　　　　　表 3-4

日期:_____　　天气:_____　　仪器型号:_____　　观测者:_____　　记录者:_____

测站	测回序号	竖盘位置	照准点名称	水平度盘读数/(° ′ ″)	半测回角值/(° ′ ″)	一测回角值/(° ′ ″)	各测回平均角值/(° ′ ″)	备注
	第　测回							
	第　测回							
	第　测回							
	第　测回							
	第　测回							
	第　测回							

(4)观测竖直角,并填写表3-5。

竖直角观测记录手簿　　　　　　　　　　　　　表3-5

日期:_____　天气:_____　仪器型号:_____　观测者:_____　记录者:_____

测站点名	照准点名称	竖盘位置	竖盘读数/ (°′″)	半测回角值/ (°′″)	竖盘指标差/ (°′″)	一测回角值/ (°′″)	备注

四、自我评估与评定反馈

(1)学生进行自我评估,填写表3-6。

学生自我评估表　　　　　　　　　　　　　表3-6

实训项目					
小组号		场地号		实训者	
序号	检查项目	比重分	要求		自我评定
1	任务完成情况	40	按要求按时完成实训任务		
2	实训记录	20	记录规范、完整		
3	实训纪律	20	不在实训场地打闹,无事故发生		
4	团队合作	20	服从组长的任务分工安排,能配合小组其他成员工作		
实训反思:					
小组评分:_____			组长:_____		

(2)教师进行评定反馈,填写表3-7。

教师评定反馈表　　　　　　　　　　　　　表3-7

序号	操作内容	评分标准	分值	得分
1	仪器操作规范性	水准管气泡整平偏差大于1格,一次扣5分; 对中误差大于2mm,一次扣5分; 每测站起始观测应从盘左开始,照准目标顺序应按规定进行,违反一次扣5分; 脚架架设不稳定或有碰动(骑马观测),一次扣5分; 迁站时仪器未装箱,一次扣5分	20	
		不顾安全狂跑或仪器2m内无人看管或仪器摔地,扣100分; 未穿实训服扣50分; 以上之外的违规情况酌情扣分; 操作正确得20分		

续上表

序号	操作内容	评分标准	分值	得分
2	记录规范性	转抄成果;秒改动;涂改、就字改字;连环涂改;用橡皮擦、刀刮;观测与计算数据不一致,一处扣5分	20	
		记录者无回报读数,一测站扣2分; 每测站记录表格没有填写完整,一处扣5分; 记录、计算的占位"0"" ±"填写,违反一处扣3分		
		以上之外的违规情况酌情扣分; 记录规范得20分		
3	成果精度	水平角上下半测回较差>40″一次扣20分;上下半测回较差在24″~40″之内,一次扣5分;<24″不扣分	40	
		指标差>25″一次扣10分;不超过25″不扣分		
4	设备归位	测量设备(仪器、脚架等)未摆放整齐扣5分; 仪器设备有损坏或遗失扣50分; 发生重大安全事故扣100分	10	
5	操作时长	开始时间: 结束时间: 总用时: 个人一测站操作时长≤20min,得10分; 20min<操作时长≤30min,得"30-操作时长"分; 操作时长>30min,扣100分	10	

存在问题:

考核教师:_____年_____月_____日

总分

工作页 4　操作全站仪

一、下达工作任务

工作任务如表 4-1 所示。

工作任务表　　　　　　　　　　表 4-1

任务内容:操作全站仪(4 学时)		
小组号		场地号
任务要求: 使用全站仪进行水平角测量、水平距离测量、坐标测量	工具: 全站仪及脚架 1 套;棱镜及脚架 2 套;钢卷尺 1 把;记录板 1 块	组织: 1. 全班按每小组 4～6 人分组进行,每小组推选一名组长和一名副组长; 2. 组长总体负责本组人员的任务分工,要求组内各成员能相互配合、协调工作; 3. 副组长负责仪器的借领、归还和仪器的安全管理等事务
注意事项: 1. 操作前应仔细阅读仪器操作手册和认真听指导老师讲解,不明白操作方法与步骤者,不得操作; 2. 近距离将仪器和脚架一起搬动时,应保持仪器竖直向上; 3. 在保养物镜、目镜和棱镜时,应吹掉透镜和棱镜上的灰尘,不要用手指触摸透镜和棱镜; 4. 应保持插头清洁、干燥,使用时要吹出插头内的灰尘与其他细小物体; 5. 换电池前必须关机; 6. 仪器只能存放在干燥的室内,充电时,周围温度应在 10～30℃之间; 7. 精密贵重的测量仪器,要防日晒、防雨淋、防碰撞振动,严禁仪器直接照准太阳		

二、实训指导

1. 测量前的准备工作

(1) 电池的安装与取出(注意:测量前电池需充足电)

①把电池盒底部的导块插入装电池的导孔。

②按电池盒的顶部直至听到"喀嚓"响声。

③向下按解锁钮,可取出电池。

(2) 仪器的安置、对中和整平(这三步与经纬仪完全相同,见工作页 3)

①在实验场地上选择测站点 O,另外两点 A、B 作为观测点。

②将全站仪安置于点 O,对中、整平。

③在 A、B 两点分别安置棱镜。

(3) 竖直度盘和水平度盘指标的设置

①竖直度盘指标设置

松开竖直度盘制动螺旋,将望远镜纵转一周(望远镜处于盘左,当物镜穿过水平面时),竖直度盘即设置完毕。随即听见一声鸣响,并显示出竖直角 V。

②水平度盘指标设置

松开水平制动螺旋,旋转照准部360°(当照准部水准器经过水平度盘安置圈上的标记时),水平度盘指标即自动设置。随即一声鸣响,同时显示水平角 HR。至此,竖直度盘和水平度盘指标已设置完毕。

(4)调焦与照准目标

操作步骤与经纬仪相同,注意消除视差。

2. 角度测量(观测方法与经纬仪相同)

(1)从显示屏上确定是否处于角度测量模式,否则按〈操作〉键转换为角度测量模式。

(2)盘左瞄准左目标 A,按〈置零〉键,使水平度盘读数显示为 0°00′00″;顺时针旋转照准部,瞄准右目标读取显示读数。

(3)同样方法可以进行盘右观测。

(4)如要测竖直角,<u>可在读取水平度盘的同时读取竖盘的显示读数</u>。

3. 距离测量

(1)从显示屏上确定是否处于距离测量模式,否则按〈操作〉键转换为距离测量模式。

(2)照准棱镜中心,完成测量得出距离,HD 为水平距离,VD 为倾斜距离。

4. 坐标测量

(1)从显示屏上确定是否处于坐标测量模式,否则按〈操作〉键转换为坐标测量模式。

(2)输入本站点 O 点及后视点坐标,以及仪器高(水准尺量取)、棱镜高(从棱镜杆上读取,一般设置棱镜高度为最低值)。

(3)瞄准棱镜中心,完成坐标测量,得出点的坐标。

5. 技术要求

(1)仪器的整平误差应小于照准部水准管分划一格,光学对中误差应小于 1mm。

(2)测站不应选在强电磁场影响的范围内,测线应高出地面或障碍物 1m 以上,且测线附近与其延长线上不得有反光物体。

三、实训记录

(1)认识图 4-1 所示全站仪,并在表 4-2 中写出各部件的名称。

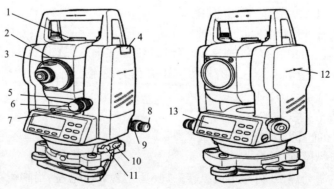

图 4-1 全站仪外观

全站仪各部件说明表　　　　　　　　　　　　　　　　　　　　表 4-2

序号	操作部件	作用	序号	操作部件	作用
1			8		
2			9		
3			10		
4			11		
5			12		
6			13		
7					

（2）认识图 4-2 所示的全站仪操作面板，并在表 4-3 中填写各按钮的功能。

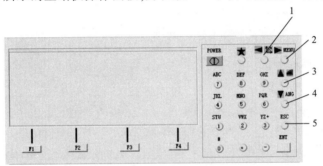

图 4-2　全站仪操作面板

操作面板主要按钮功能说明表　　　　　　　　　　　　　　　　表 4-3

序号	按钮名称	功能
1		
2		
3		
4		
5		

（3）用全站仪测回法测水平角，填写表 4-4。

水平角观测记录表　　　　　　　　　　　　　　　　　　　　　表 4-4

日期：_____　　　天气：_____　　　仪器型号：_____
观测者：_____　　记录者：_____　　立棱镜者：_____

测点	盘位	目标	水平度盘读数/ (° ′ ″)	水平角		备注
				半测回值/ (° ′ ″)	一测回值/ (° ′ ″)	

(4) 用全站仪进行水平距离测量,填写表4-5。

水平距离观测记录表 表4-5

日期:_____　　天气:_____　　仪器型号:_____
观测者:_____　　记录者:_____　　立棱镜者:_____

直线段	第一次/m	第二次/m	第三次/m	平均/m

(5) 全站仪三维坐标测量记录。

已知:测站点的三维坐标 $x =$ _____ m, $y =$ _____ m, $H =$ _____ m。

后视点的三维坐标 $x =$ _____ m, $y =$ _____ m, $H =$ _____ m。

量得:测站仪器高 = _____ m,前视点的棱镜高 = _____ m。

用盘左测得前视点的三维坐标为: $x =$ _____ m, $y =$ _____ m, $H =$ _____ m。

四、用全站仪进行闭合路线平面坐标测量

1. 注意事项

(1) 推荐使用**盘左**进行坐标值测量。

(2) 观测前,应进行控制点的选取、编号,画出闭合路线略图,如图4-3所示。已知数据:边的两个控制点 A、B 的平面坐标值。

(3) 建议先完成两个已知点数据信息的输入,这样在后续操作中只要调用数据信息即可。

(4) 观测过程中**需单独记录各边的水平距离 D**;除此之外,观测过程中不需记录其他任何数据(各转折角 β、各控制点坐标值等)。相关数据存储在全站仪中,可随时调用、修改;测量结束后计算 K 值,精度满足后,进行最终数据的记录。

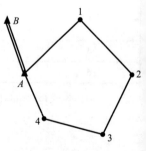

图4-3 闭合路线略图

2. 操作指导

在对全站仪进行安置、对中、整平的准备工作后,可进行坐标测量。坐标测量推荐采用**放样模式**进行,主要可分为三大步骤:已知数据的存储管理、放样模式下设置测站点与后视点的点号和坐标、放样模式下测量"新点"坐标。

1) 已知数据的存储管理

(1) 按 [⏻] 键开机→按〈MENU〉键进入【菜单】1/3 界面,如图4-4所示。

(2) 按〈F3〉键进入【存储管理】1/3 界面,如图4-5所示。

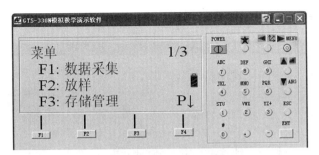

图 4-4 【菜单】1/3 界面

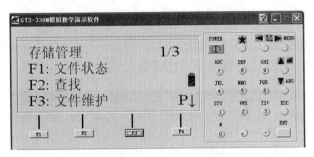

图 4-5 【存储管理】1/3 界面

(3) 按〈F4〉键翻页进入【存储管理】2/3 界面,如图 4-6 所示。

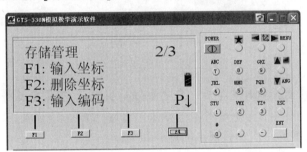

图 4-6 【存储管理】2/3 界面

(4) 按〈F1〉键进入【输入坐标】界面,首先进行**数据保存文件**的输入或调用,如图 4-7 所示。按〈F1〉键选择输入新的管理文件名,输入后按〈F4〉键确认;按〈F2〉键则选择调用已经存在的测量文件。

图 4-7 【选择文件】界面

(5)输入文件名后按〈F4〉键确认,进入【输入坐标数据】界面,如图4-8所示。

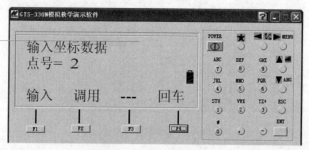

图4-8 【输入坐标数据】界面

首先进行**第一个坐标点**的点号名称输入(可直接输入,也可从已有数据中调用)。
(6)输入点号后,按两次〈F4〉键确认,进入【输入坐标参数】界面,如图4-9所示。

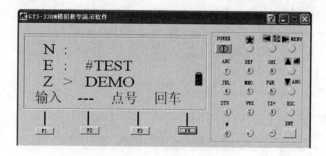

图4-9 【输入坐标参数】界面

注意:
①新点的X、Y、H坐标输入完毕后一定要按〈F4〉键确认,否则数据将不被保存。
②若有其他新点,则其点号和坐标输入方法同上述(5)~(6)步骤。
2)**放样模式**下设置测站点和后视点的点号和坐标
(1)控制点的点号和坐标数据输入完毕后,连续按〈ESC〉键返回【菜单】1/3界面,按〈F2〉键选择【**放样**】,进入放样模式的【选择文件】界面,如图4-10所示。

图4-10 放样模式的【选择文件】界面

此时,可以调用已保存过的数据文件名。调用后按〈F4〉键确认,进入【放样】1/2界面,如图4-11所示。

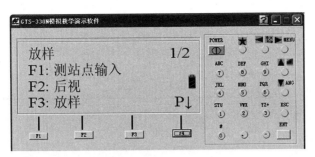

图 4-11 【放样】1/2 界面

(2)按〈F1〉键进行测站点输入,因为在已知数据的【存储管理】中已输入导线点信息,所以可利用调用模式对测站点进行数据设置。

按〈F2〉键对后视点数据信息进行输入,方法同"测站点"。

3)放样模式下测量"新点"坐标

所谓"新点"包括闭合导线略图中的控制点 1、2、3、4 和点 A'(点 A' 为导线闭合测量后附合到点 A 时经全站仪计算坐标数据的点)。

(1)接图 4-11,按〈F4〉键翻页,进入【放样】2/2 界面,如图 4-12 所示。

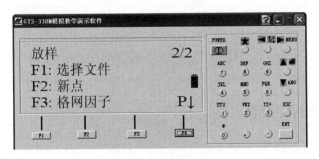

图 4-12 【放样】2/2 界面

(2)按〈F2〉键选择【新点】,进入【新点】界面,如图 4-13 所示。

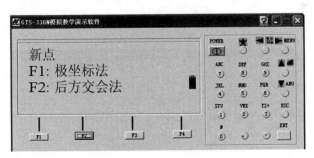

图 4-13 【新点】界面

(3)按〈F1〉键进入【极坐标法】界面→……

(4)按程序提示,照准**后视点**后选择【确认照准】;按程序提示,照准前视点后选择【确认照准】;确认后计算坐标。

(5)搬站,安置对中整平后,重复 2)中的操作步骤。

最后闭合回点 A，得到点 A' 的坐标；将点 A' 的坐标与已知的点 A 坐标进行比较，计算 f_x、f_y，求 K 值（要求 $K < 1/2000$）。

将已知控制点和待测点的坐标值填入表4-6。

点位坐标记录表 表4-6

点名	坐标/m		备注
	x	y	

$f_x =$ ， $f_y =$ ， $f = \sqrt{f_x^2 + f_y^2} =$ ， $K = \dfrac{1}{\sum D/f} =$

五、自我评估与评定反馈

（1）学生进行自我评估，填写表4-7。

学生自我评估表 表4-7

实训项目				
小组号		场地号	实训者	
序号	检查项目	比重分	要求	自我评定
1	任务完成情况	40	按要求按时完成实训任务	
2	实训记录	20	记录规范、完整	
3	实训纪律	20	不在实训场地打闹，无事故发生	
4	团队合作	20	服从组长的任务分工安排，能配合小组其他成员工作	
实训反思：				

小组评分：＿＿＿＿＿ 组长：＿＿＿＿＿

(2)教师进行评定反馈,填写表4-8。

教师评定反馈表　　　　　　　　　　　　　　　　表4-8

序号	操作内容	评分标准	分值	得分
1	仪器操作规范性	水准管气泡整平偏差大于1格,一次扣5分; 对中误差大于2mm,一次扣5分; 每测站起始观测应从盘左开始,照准目标顺序应按规定进行,违反一次扣5分; 脚架架设不稳定或有碰动(骑马观测),一次扣5分 不顾安全狂跑或仪器2m内无人看管或仪器摔地,扣100分; 未穿实训服扣50分; 以上之外的违规情况酌情扣分; 操作正确得20分	20	
2	记录规范性	转抄成果;厘米和毫米及秒改动;涂改、就字改字;连环涂改;用橡皮擦、刀刮;观测与计算数据不一致,一处扣5分 记录者无回报读数,一测站扣2分; 每测站记录表格没有填写完整,一处扣5分; 记录、计算的占位"0""±"填写,违反一处扣3分 以上之外的违规情况酌情扣分; 记录规范得20分	20	
3	成果精度	水平角上下半测回较差>40″一次扣20分;水平角上下半测回较差在24″~40″之内,一次扣5分;水平角上下半测回较差<24″不扣分 相对闭合差>1/2000扣20分,不超过1/2000不扣分	40	
4	设备归位	测量设备(仪器、脚架等)未摆放整齐扣5分; 仪器设备有损坏或遗失扣50分; 发生重大安全事故扣100分	10	
5	操作时长	开始时间:　　　结束时间:　　　总用时: 个人一测站操作时长≤20min,得10分; 20min<操作时长≤30min,得"30 - 操作时长"分; 操作时长>30min,扣100分	10	
存在问题:			总分	

考核教师:_____年_____月_____日

工作页 5　实施导线测量

一、下达工作任务

工作任务如表 5-1 所示。

工作任务表　　　　　　　　　　　　　表 5-1

任务内容:实施导线测量(4 学时)			
小组号		场地号	
任务要求: 1. 进行闭合导线的布设; 2. 完成闭合导线的外业观测工作; 3. 完成导线点的坐标计算		工具: 全站仪及脚架 1 套;棱镜及脚架 2 套;记录板 1 块	组织: 1. 全班按每小组 4～6 人分组进行,每小组推选一名组长和一名副组长; 2. 组长总体负责本组人员的任务分工,要求组内各成员能相互配合,协调工作; 3. 副组长负责仪器的借领、归还和仪器的安全管理等事务
技术要求: $f_{\beta容} = \pm 24''\sqrt{n}$; $K_容 = \dfrac{1}{5000}$			

二、实训指导

导线测量,就是测量导线各边长和各转折角,然后根据已知数据和观测值计算出导线点坐标。导线测量工作分为外业工作和内业工作。本次实训中导线布置形式采用闭合导线。

1. 选点并设立标志(外业)

进行现场踏勘,在测区内选择导线点,布设成闭合导线。该导线应能覆盖整个测区并利于碎部点的施测。如无已知等级控制点,可按独立平面控制网布设,并假定起点坐标,用罗盘仪测定起始边的磁方位角,作为测区的起算数据。

导线点选择应遵循以下原则:
①相邻的导线点要互相通视,以便于测角和量距;
②点位应选在土质坚实处,应**不易被破坏**,以便保存点的标志和安置仪器;
③点位选在视野开阔处,便于碎步测量和施工放样;
④同一导线的边长应大致相等,因此不宜出现**过长边长**与**过短边长**的交替(任意导线边长不大于 2 倍其余任意导线边长),各导线平均边长应符合规定,边长不超过 100m;
⑤导线点应有足够的密度,分布较均匀,以便控制整个测区进行碎部测量,导线点选定后,

进行统一编号,并埋设标志,打下木桩,桩顶钉上小钉作为"点之记"。

2. 测角(外业)

测角指测量已布设的闭合导线的转折角。按导线点编号顺序方向前进。导线的转折角有左角、右角之分,但全线必须统一。对闭合导线,应测量闭合多边形的内角。

3. 量距(外业)

测量方法可用全站仪单向施测完成,也可用经检测过的钢尺往返丈量完成,但均要符合技术要求。钢尺丈量一般用往返丈量法进行,其相对误差 $K \leqslant 1/3000$。

4. 定向(外业)

为了控制导线的方向,在导线起、止的已知控制点上,必须测定连接角,该项工作称为导线定向。定向目的是把已知点的坐标系传递到导线上来,确定各导线点的坐标。本次实训中已知坐标方位角由指导教师给出。

5. 平面坐标计算(内业)

将校核过的外业观测数据及起算数据填入导线坐标计算表中进行计算,推算出各导线边长和坐标值点的平面坐标。其导线全长相对闭合差的限差 $K_{容} \leqslant 1/5000$。计算中角度取至秒、坐标取至 mm。内业计算应认真细致,注意步步有校核。

三、实训记录

(1)制订导线测量实施方案,填写表 5-2。

任务分工表　　　　　　　　　　　　　　　表 5-2

小组号				场地号	
分工安排					
测站	观测者	记录、计算者	立杆者	路线示意图	
请在下面空白处写出任务实施的简要方案,内容包括操作步骤、技术要求和注意事项等:					

(2)实施导线测量,填写表 5-3 ~ 表 5-5。

表 5-3

测站 _____

测站	读数		2c	$\dfrac{左+右\pm 180°}{2}$	一测回方向	各测回平均方向	附注
	盘左	盘右					
水平角观测							

边长	平距观测值				平距中数	平距观测值				平距中数
	1	2	3	4		1	2	3	4	

续上表

测站	读数		2c	$\dfrac{左+右\pm180°}{2}$	一测回方向	各测回平均方向	附注
	盘左	盘右					
水平角观测							

边长	平距观测值	平距中数	边长	平距观测值	平距中数
1			1		
2			2		
3			3		
4			4		

续上表

测点	读数		2c	$\dfrac{左+右\pm180°}{2}$	一测回方向	各测回平均方向	附注
	盘左	盘右					
水平角观测							

边长	平距观测值				平距中数	边长	平距观测值				平距中数
	1	2	3	4			1	2	3	4	

续上表

测站	读数		2c	$\frac{左+右\pm180°}{2}$	一测回方向	各测回平均方向	附注
	盘左	盘右					

水平角观测

边长	平距观测值	平距中数	边长	平距观测值	平距中数
1			1		
2			2		
3			3		
4			4		

表 5-4 导线近似平差计算

点名	观测角	方位角	边长	ν_x Δx_i	x_i	ν_y Δy_i	y_i
$\Sigma\beta$		Σ		$f_x=$		$f_y=$	
$K=1/$	$f_\beta=$ "	导线略图					
$f_{\beta允}=\pm$ "							

导线点成果表　　　　　　　　　　　　　表 5-5

点号	坐标	
	x	y

注：本表不填写已知点。

四、自我评估与评定反馈

(1)学生进行自我评估，填写表 5-6。

学生自我评估表　　　　　　　　　　　　表 5-6

实训项目				
小组号		场地号		实训者
序号	检查项目	比重分	要求	自我评定
1	任务完成情况	40	按要求按时完成实训任务	
2	实训记录	20	记录规范、完整	
3	实训纪律	20	不在实训场地打闹，无事故发生	
4	团队合作	20	服从组长的任务分工安排，能配合小组其他成员工作	

实训反思：

小组评分：＿＿＿＿＿　　　　　组长：＿＿＿＿＿

（2）教师进行评定反馈，填写表5-7。

教师评定反馈表　　　　　　　　　　　　　　　表5-7

序号	操作内容	评分标准	分值	得分
1	仪器操作规范性	水准管气泡整平偏差大于1格，一次扣5分； 对中误差大于2mm，一次扣5分； 每测站起始观测应从盘左开始，照准目标顺序应按规定进行，违反一次扣5分； 脚架架设不稳定或有碰动（骑马观测），一次扣5分 不顾安全狂跑或仪器2m内无人看管或仪器摔地，扣100分； 未穿实训服扣50分； 以上之外的违规情况酌情扣分； 操作正确得20分	20	
2	记录规范性	转抄成果；厘米和毫米及秒改动；涂改、就字改字；连环涂改；用橡皮擦、刀刮；观测与计算数据不一致，一处扣5分 记录者无回报读数，一测站扣2分； 每测站记录表格没有填写完整，一处扣5分； 记录、计算的占位"0""±"填写，违反一处扣3分 以上之外的违规情况酌情扣分； 记录规范得20分	20	
3	成果精度	一测回内$2c$互差>18″，一次扣10分；一测回内$2c$互差≤18″，不扣分 方位角闭合差计算错误或>$24″\sqrt{n}$，扣40分；方位角闭合差≤$24″\sqrt{n}$，不扣分 导线全长相对闭合差>1/5000扣40分，≤1/5000不扣分	40	
4	设备归位	测量设备（仪器、脚架等）未摆放整齐扣5分； 仪器设备有损坏或遗失扣50分； 发生重大安全事故扣100分	10	
5	操作时长	开始时间：　　　结束时间：　　　总用时： 个人一测站操作时长≤15min，得10分； 15min<操作时长≤25min，得"25 – 操作时长"分； 操作时长>25min，扣100分	10	
存在问题：			总分	

考核教师：_____年_____月_____日

工作页 6　全站仪数字化测图外业数据采集

一、下达工作任务

工作任务如表 6-1 所示。

工作任务表　　　　　　　　　　　　　　　　　　　　　表 6-1

任务内容:全站仪数字化测图外业数据采集(4 学时)		
小组号		场地号
任务要求: 每人独立完成全站仪采集点、线、面 3 种地物碎部点,并绘制草图	工具: 小组:全站仪 1 套;对中杆 1 支;记录板 1 块;小钢尺 1 把 公共:定向点及检查点 3 个(应架设觇牌);指定碎部点 9~12 个(宜架设觇牌)	组织: 1.4~6 人为一小组,每组推选组长、副组长各 1 名; 2.组长总体负责本组人员的任务分工,要求组内各成员能相互配合、协调工作; 3.副组长负责仪器的借领、归还和仪器的安全管理等事务
技术要求: 1.架设仪器:点 O_1 至 O_{10} 作为测站点,学生根据已经分好的组号找到自己对应编号的全站仪,然后安置全站仪,完成对中、整平。管水准器气泡偏离不超过 2 格,对中误差不超过 3mm。 2.建站定向:建坐标文件、输入已知点数据;输入测站点坐标、仪器高、后视点坐标及棱镜高,照准后视目标 A 或 B 进行定向,完成建站。 3.后视检查:建站完成后,利用另外已知点 C 进行后视检查。实测点 C 坐标与已知坐标较差小于 5cm。 4.碎部测量:碎部点命名规则为"测站名-序号",如"O_3-4"为在 O_3 设站观测的第 4 号碎部点的点名。采集点(如电线杆)、线(道路边线:一段直线加一段曲线)、面(如房屋)3 种地物的碎部点。测定碎部点的三维坐标,并记录在全站仪的内存中,记录时注意点号、棱镜高和编码的正确性。观测坐标值和与标准值比对,二者较差应≤2cm。 5.绘制草图:按测站绘制草图,正确记录碎部点的连线关系和地物属性,并对测点进行编号,且与仪器的记录点号相一致。 6.设备归位:将仪器电源关闭,取下仪器拧松制动螺旋装箱,收拢脚架,放置回原位。 7.最大时长:40min		
组长:_____ 副组长:_____ 组员:_____		
		日期:_____年_____月_____日

注:本实训按南方测绘科技股份有限公司 1 + X 考证要求编写,教学中可根据实际适当放宽要求。

二、实训指导

下面以南方 NTS-300 系列全站仪为例介绍数字测图流程,图 6-1 为其数据采集菜单操作主流程。数据采集菜单操作主要步骤如下。

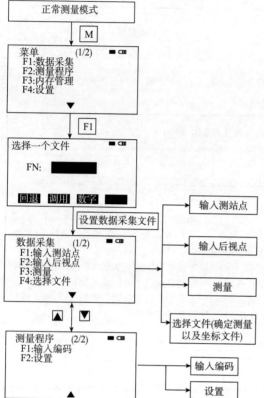

①开机:按电源开机键。

②进入菜单:按〈MENU〉键进入菜单选择界面。

③选择数据采集功能:按〈F1(数据采集)〉键。

④新建文件:按〈F1〉键输入一个新的文件名,或者按〈F2〉键调用一个文件。

⑤输入测站点:按〈F1〉键输入测站点,〈F4〉键测站,然后按〈F3〉键输入测站坐标。输入完成之后,按〈F3〉键记录。

⑥输入后视点:按〈F2〉键后视,按〈F1〉键输入后视点号,然后按〈F4〉键后视,再按〈F3〉(NE/AZ)〉键,分别输入后视点的 x、y 坐标。

⑦瞄准后视点:望远镜瞄准后视点后,按〈F3〉键(测量),再按〈F1〉键(角度)。

⑧前视点坐标数据采集:依次瞄准各个前视点,按〈F3〉键(前视,侧视),输入点号,按〈F3〉键,自动完成测量和记录。

图 6-1 NTS-300 系列全站仪数据采集菜单操作主流程

三、实训记录

(1)制订计划,填写表 6-2。

任务分工表　　　　　　　　　　　　　　表 6-2

小组号		场地号	
分工安排			
序号	测点	观测者	记录者	立尺者

(2)实施计划,填写表6-3、表6-4。

全站仪数字化测图外业数据采集记录表　　　　　　　　　　表6-3

日期：_____　　天气：_____　　仪器型号：_____　　组号：_____

观测者：_____　　记录者：_____　　立尺者：_____

测站点 (　　)	x: y: H:	后视点 (　　)	x: y: H:	检查点 (　　)	x: y: H:
碎部点的测量数据					
点名	坐标/m		测点属性、编码	坐标与标准值较差/mm	
	x	y		Δx	Δy

全站仪测量绘图手簿　　　　　　　　　　表6-4

点状地物	线状地物	面状地物

四、自我评估与评定反馈

(1)学生进行自我评估,填写表6-5。

学生自我评估表　　　　　　　　　　　　　表6-5

实训项目					
小组号		场地号		实训者	
序号	检查项目	比重分	要求		自我评定
1	任务完成情况	30	按要求按时完成实训任务		
2	测设误差	20	成果符合限差要求		
3	实训记录	20	记录规范、完整		
4	实训纪律	15	不在实训场地打闹,无事故发生		
5	团队合作	15	服从组长任务分工安排,能配合其他成员工作		

实训反思:

小组评分:_____　　　组长:_____

(2)教师进行评定反馈,填写表6-6。

教师评定反馈表(考核评分表)　　　　　　　　　　　　　表6-6

序号	操作内容	评分标准	分值	得分
1	架设仪器	管水准器气泡偏离超过2格扣100分; 对中误差超过3mm扣100分; 对中整平后未报告考评员扣5分; 操作正确得15分	15	
2	建站定向检查	测量结果与检查点坐标进行比对,检查点平面位置较差≤5cm,不扣分;大于5cm,扣100分。 若自检有误,重新建站直至较差≤5cm,则不扣分	5	
3	碎部测量成果	采集点状地物特征点。观测坐标值 Δx 和 Δy 与标准值比对,二者较差均≤2cm得10分,否则扣10分	10	
		采集线状地物特征点。观测坐标值 Δx 和 Δy 与标准值比对,二者较差均≤2cm得10分,否则扣10分	10	
		采集面状地物特征点。观测坐标值 Δx 和 Δy 与标准值比对,二者较差均≤2cm得10分,否则扣10分	10	
4	绘制草图	要求碎部点命名正确,错任意一项扣5分 (测站点-序号)	5	
		要求碎部点的连线关系和地物属性正确,属性未标注,无连线关系,缺任意一项扣10分	10	
		测点编号应与仪器的记录点号相一致	10	

续上表

序号	操作内容	评分标准	分值	得分
5	检查仪器情况	检查考生作业后,仪器管水准器气泡偏离超过2格扣100分;对中误差超过3mm扣100分,无误得5分	5	
6	设备归位	测量设备(全站仪、脚架)未摆放整齐扣5分	5	
7	操作时长	开始时间:　　　结束时间:　　　总用时: 操作时长≤20min,得15分; 20min<操作时长≤30min,得10分; 30min<操作时长≤40min,得分"40-操作时长"分; 操作时长>40min,扣100分	15	
存在问题:			总分	

考核教师:_____ 年_____ 月_____ 日

工作页 7 　全站仪坐标放样

一、下达工作任务

工作任务如表 7-1 所示。

表 7-1　工作任务表

任务内容:全站仪坐标放样(4 学时)		
小组号:		场地号:
任务要求: 用极坐标法放样点的平面位置	工具: 全站仪及脚架 1 套;棱镜及脚架 1 套;钢卷尺 1 把;铁锤 1 把;桩 4 根;记录板 1 块	组织: 1. 全班按每小组 4~6 人分组进行,每小组推选一名组长和一名副组长; 2. 组长总体负责本组人员的任务分工,要求组内各成员能相互配合,协调工作; 3. 副组长负责仪器的借领、归还和仪器的安全管理等事务
技术要求: 角度测设的限差不大于 ±40″,距离测设的相对误差不大于 1/3000		

二、实训指导

1. 放样数据计算

如图 7-1 所示,A 为测站点,B 为后视点,P 为待放样点。首先根据 A、B 的已知坐标和点 P 的设计坐标计算测设数据水平角和水平距离。计算公式如下:

$$\alpha_{AB} = \arctan \frac{Y_B - Y_A}{X_B - X_A}$$

$$\alpha_{AP} = \arctan \frac{Y_P - Y_A}{X_P - X_A}$$

$$\beta = \alpha_{AP} - \alpha_{AB}$$

$$D_{AP} = \sqrt{(X_P - X_A)^2 + (Y_P - Y_A)^2}$$

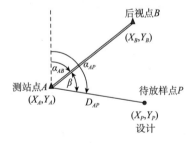

图 7-1　极坐标法测设点位

2. 主要操作方法与步骤

1) 设站

在控制点 A 上架设仪器,对中整平。设置测站参数,输入测站坐标、仪器高。

2) 定向

设置后视参数,输入后视坐标,用望远镜瞄准后视方向 B。完成后视后,可直接测量一下后视点 B 坐标,作为校核。

3）放样

输入待放样点的坐标,使用水平制动螺旋和水平微动螺旋,使得 dHR = 0°00′00″(显示值 = 实测值 – 放样值),即找到了 AP 方向,指挥持棱镜者移动位置,使棱镜位于 AP 方向上再进行测距,根据显示的 dHD 来指挥持棱镜者沿 AP 方向移动,若 dHD 为正,则向测站点 A 方向移动;反之,若 dHD 为负,则向远处移动,直至 dHD = 0 时,立棱镜点即为点 P 的平面位置。

三、实训记录

（1）制订计划,填写表 7-2。

表 7-2

任务分工表

小组号				场地号		
分工安排							
序号	测站	测设数据计算人员	仪器操作者	辅助放样人员			

（2）实施计划,填写表 7-3。

表 7-3

极坐标法测设平面点位记录表

点名	点号	坐标/m		坐标方位角 (测站点—测设点)	应测设的水平距离/m	放样点检测坐标
		x	y			
测站点				—	—	—
后视点					—	—
检核点					—	
测设点						
绘制测设草图						

四、自我评估与评定反馈

(1) 学生进行自我评估,填写表7-4。

学生自我评估表　　　　　　　　　　　　　　　表7-4

实训项目					
小组号		场地号		实训者	
序号	检查项目	比重分	要求		自我评定
1	任务完成情况	40	按要求按时完成实训任务		
2	实训记录	20	记录规范、完整		
3	实训纪律	20	不在实训场地打闹,无事故发生		
4	团队合作	20	服从组长的任务分工安排,能配合小组其他成员工作		

实训反思:

小组评分:_____　　　　　组长:_____

(2) 教师进行评定反馈,填写表7-5。

教师评定反馈表　　　　　　　　　　　　　　　表7-5

序号	操作内容	评分标准	分值	得分
1	仪器操作规范性	水准管气泡整平偏差大于1格,一次扣5分; 对中误差大于2mm,一次扣5分; 脚架架设不稳定或有碰动(骑马观测),一次扣5分; 不顾安全狂跑或仪器2m内无人看管或仪器摔地,扣100分; 未穿实训服扣50分; 以上之外的违规情况酌情扣分; 操作正确得20分	20	
2	记录规范性	放样记录表格没有填写完整,一处扣5分; 记录、计算的占位"0""±"填写,违反一处扣3分 以上之外的违规情况酌情扣分; 记录规范得20分	20	
3	成果精度	放样点测设数据计算错误一点扣20分(计算毫米错误的,一点扣2分) 放样点坐标值超过±20mm,一点扣20分;在±(15~20)mm之内,一点扣5分;≤14mm不扣分	40	
4	设备归位	测量设备(仪器、脚架等)未摆放整齐扣5分; 仪器设备有损坏或遗失扣50分; 发生重大安全事故扣100分	10	

续上表

序号	操作内容	评分标准	分值	得分
5	操作时长	开始时间：　　　结束时间：　　　总用时： 个人一放样点操作时长≤15min，得 10 分； 15min＜操作时长≤25min，得"25－操作时长"分； 操作时长＞25min，扣 100 分	10	
存在问题：			总分	
考核教师：＿＿＿＿年＿＿＿＿月＿＿＿＿日				

工作页8 中平测量与横断面测量

一、下达工作任务

工作任务如表8-1所示。

工作任务表　　　　　　　　　　　　　　　　　　　　　　表8-1

任务内容:中平测量与横断面测量(4学时)		
小组号		场地号
任务要求： 1.用视线高法测量中桩点的高程； 2.用视线高法测量各边桩与中桩点的相对高差	工具： 水准仪及脚架1套；标尺2根；铁锤1把；卷尺1把；记录板1块	组织： 1.全班按每小组4~6人分组进行，每小组推选一名组长和一名副组长； 2.组长总体负责本组人员的任务分工，要求组内各成员能相互配合，协调工作； 3.副组长负责仪器的借领、归还和仪器的安全管理等事务
技术要求： 高程较差限差$40\sqrt{L}$		

二、实训指导

1. 选定线路，量距打桩

(1)在有坡度变化的地区选定线路位置。

(2)在选定线路上用标杆定线，用卷尺量距每10m打一桩，按规定的编号方法编号，并在坡度变化处打加桩。

2. 中平测量

中平测量以相邻两水准点为一测段，从一个水准点引测，逐个测出中线桩的地面高程，然后附合至另一水准点上。

(1)在第一个水准点上立水准尺，并在线路前进方向上适当位置选择一个转点，在转点位置上放尺垫，在尺垫上立水准点。

(2)在两水准尺之间安置水准仪。

(3)在两水准尺上读数，分别记在后视、前视栏内。

(4)将后尺依次立在0+000,0+010,…各桩上，读数记在中视栏内。

(5)仪器移至下一站，原前视尺变为后视尺，后视尺变为前视尺，立在下一个适当位置的转点上，按上述继续向前观测，直至闭合到下一水准点上。

(6)当场计算两水准点间的高差，与基平测量结果相比较，其差值限差不得大于$\pm40\sqrt{L}$mm。每一测站的各项计算可按下列公式依次进行：

$$视线高 = 后视点高程 + 后视读数$$

转点高程 = 视线高 – 前视读数

中线桩高程 = 视线高 – 中视读数

3. 横断面测量

横断面测量,就是测定中桩两侧正交于中线方向地面变坡点间的距离和高差,并绘成横断面图。

横断面测量的宽度,应根据中桩填挖高度、边坡大小以及有并工程的特殊要求而定,一般自中线两侧各测 10~50m。横断面测绘的密度,除各桩应施测外,在大、中桥头,隧道口挡土墙等重点工程地段,可根据需要加密。

三、实训记录

(1) 制订计划,填写表 8-2。

表 8-2

任务分工表

小组号				场地号	
分工安排					
序号	观测者	记录、计算者	立尺者	路线示意图	
请在下面空白处写出任务实施的简要方案,内容包括操作步骤、技术要求和注意事项等:					

(2) 实施计划,填写表 8-3、表 8-4。

表 8-3

中平测量数据记录表

日期:_____ 时间_____ 天气:_____ 仪器型号:_____ 观测者:_____ 记录者:_____

测点及桩号	水准尺读数/m			视线高/m	高程	备注
	后视	中视	前视			
校核	$H_{中} = \sum a - \sum b =$ $W_h = \pm 40\sqrt{L}$			$h_{基} = H_{BM.2} - H_{BM.1}$ $W_h = h_{中} - h_{基} =$		

横断面测量数据记录表 表8-4

日期：_____ 时间：_____ 天气：_____ 仪器型号：_____ 观测者：_____ 记录者：_____

桩号	各变坡点至中桩点距离/m	后视读数/m	前视读数/m	各变坡点至中桩点高差/m	备注
	左侧				
	右侧				
	左侧				
	右侧				
	左侧				
	右侧				

四、自我评估与评定反馈

(1) 学生进行自我评估，填写表8-5。

学生自我评估表 表8-5

实训项目					
小组号		场地号		实训者	
序号	检查项目	比重分	要求		自我评定
1	任务完成情况	40	按要求按时完成实训任务		
2	实训记录	20	记录规范、完整		
3	实训纪律	20	不在实训场地打闹，无事故发生		
4	团队合作	20	服从组长的任务分工安排，能配合小组其他成员工作		

实训反思：

小组评分：_____ 组长：_____

（2）教师进行评定反馈，填写表 8-6。

教师评定反馈表　　　　　　　　　　　　　　　　　　　表 8-6

序号	操作内容	评分标准	分值	得分
1	仪器操作规范性	圆水准气泡未居中一次扣 5 分； 脚架架设不稳定或有碰动（骑马观测），一次扣 5 分； 迁站时仪器未竖立、脚架未收拢一次扣 5 分 不顾安全狂跑或仪器 2m 内无人看管或仪器摔地，扣 100 分； 未穿实训服扣 50 分； 以上之外的违规情况酌情扣分； 操作正确得 20 分	20	
2	记录规范性	转抄成果；厘米、毫米改动；涂改、就字改字；连环涂改；用橡皮擦、刀片刮；观测与计算数据不一致；一处扣 5 分 记录者无回报读数，一站扣 2 分； 每测站记录表格没有填写完整，一处扣 5 分； 记录、计算的占位"0"" ± "填写，违反一处扣 3 分 以上之外的违规情况酌情扣分； 记录规范得 20 分	20	
3	成果精度	高程、高差计算错误一处扣 5 分 高程较差超过 $40\sqrt{L}$ mm 扣 20 分，不超过 $40\sqrt{L}$ mm 不扣分	40	
4	设备归位	测量设备（水准仪、脚架等）未摆放整齐扣 5 分； 仪器设备有损坏或遗失扣 50 分； 发生重大安全事故扣 100 分	10	
5	操作时长	开始时间：　　　结束时间：　　　总用时： 个人一测站操作时长≤20min，得 10 分； 20min＜操作时长≤30min，得"30 - 操作时长"分； 操作时长＞30min，扣 100 分	10	
存在问题：			总分	

考核教师：＿＿＿＿＿＿年＿＿＿＿月＿＿＿＿日

工作页 9 水准仪-钢尺高程传递

一、下达工作任务

工作任务如表 9-1 所示。

工作任务表　　　　　　　　　　　　　　　表 9-1

任务内容:水准仪-钢尺高程传递(课外:4 学时)			
小组号		场地号	
任务要求： 用水准仪-钢尺高程传递法将一层高程向上传递到高层	工具： 水准仪 1 套；水准尺 1 对；记录板 1 块；30m 钢尺 1 把；3kg 尺垫 1 个；细铁丝 1m，钳 1 把	组织： 1. 4~6 人为一小组，每组推选组长、副组长各 1 名； 2. 组长总体负责本组人员的任务分工，要求组内各成员能相互配合，协调工作； 3. 副组长负责仪器的借领、归还和仪器的安全管理等事务	
技术要求： 1. 钢尺零点应位于高处悬挂点，并用铁丝捆绑固定，以防滑动； 2. 仪器应安置于钢尺、后视点(或前视点)中间位置； 3. 水准尺读数读到毫米位，记录四位数字，不能省略其中的"0"； 4. 钢尺读数读到毫米位，以米为单位； 5. 每人以不同仪器高观测同一前、后视点，高差之差不能超过 5mm			

二、实训指导

建筑施工层标高的传递宜采用悬挂钢尺代替水准尺的水准测量方法进行，并应对钢尺读数进行温度、尺长和拉力改正；传递点的数目，应根据建筑物的大小和高度确定。一般的工业建筑或多层民用建筑，宜从两个位置处分别向上传递，重要的工业建筑或高层民用建筑，宜从三个位置处分别向上传递；传递的标高较差小于 3mm 时，可取平均值作为施工层的标高基准，大于 3mm 时，应重新传递。

主要操作方法与步骤如下：

(1)在建筑的垂直通道(如电梯井、垂准孔等)中悬吊钢尺，钢尺下端挂重锤以拉直钢尺，防止悬吊的钢尺受风力等因素影响晃动而影响观测读数。

(2)用钢尺代替水准尺，在下层、上层各架一次水准仪，将标高传递上去，从而测设出各楼层的设计高程，如图 9-1 所示，计算公式如下：

$$H_B = H_A + (a - m) + (n - b)$$

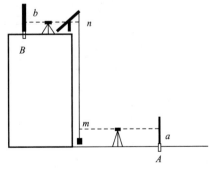

图 9-1　水准仪-钢尺高程传递法

三、实训记录

(1)制订计划,填写表9-2。

任务分工表 表9-2

小组号			场地号		
分工安排					
序号	测点	观测者	记录者	立尺者	

(2)实施计划,填写表9-3。

水准仪-钢尺高程传递记录手簿 表9-3

日期:_____ 天气:_____ 仪器型号:_____ 组号:_____
观测者:_____ 记录者:_____ 立尺者:_____

测站	测点	属性	后视	钢尺读数	视线高/m	中间视或应有前视	高程/m
1		已知点		—		—	
	钢尺1	—	—			—	—
2	钢尺2	—	—			—	—
		待求或待放点	—	—			
		待求或待放点	—	—			
		待求或待放点	—	—			
		待求或待放点	—	—			
精度检核	同名点高程较差:						
放样略图							

四、自我评估与评定反馈

(1) 学生进行自我评估，填写表9-4。

学生自我评估表　　　　　　　　　　　　　　　　　表9-4

实训项目					
小组号		场地号		实训者	
序号	检查项目	比重分	要求		自我评定
1	任务完成情况	40	按要求按时完成实训任务		
2	实训记录	20	记录规范、完整		
3	实训纪律	20	不在实训场地打闹，无事故发生		
4	团队合作	20	服从组长的任务分工安排，能配合小组其他成员工作		
实训反思：					
小组评分：＿＿＿＿＿＿＿			组长：＿＿＿＿＿＿＿		

(2) 教师进行评定反馈，填写表9-5。

教师评定反馈表　　　　　　　　　　　　　　　　　表9-5

序号	操作内容	评分标准	分值	得分
1	仪器操作规范性	圆水准气泡未居中，一次扣5分； 脚架架设不稳定或有碰动(骑马观测)，一次扣5分； 迁站时仪器未竖立、脚架未收拢，一次扣5分	20	
		不顾安全狂跑或仪器2m内无人看管或仪器摔地，扣100分； 未穿实训服扣50分； 以上之外的违规情况酌情扣分； 操作正确得20分		
2	记录规范性	转抄成果；厘米、毫米改动；涂改、就字改字；连环涂改；用橡皮擦，刀片刮；观测与计算数据不一致；一处扣5分	20	
		记录者无回报读数，一站扣2分； 每测站记录表格没有填写完整，一处扣5分； 记录、计算的占位"0""±"填写，违反一处扣3分		
		以上之外的违规情况酌情扣分； 记录规范得20分		
3	成果精度	高程计算错误一处扣5分	40	
		同名点高程较差超过5mm，一点扣10分；不超过5mm不扣分		

续上表

序号	操作内容	评分标准	分值	得分
4	设备归位	测量设备(水准仪、脚架等)未摆放整齐扣 5 分; 仪器设备有损坏或遗失扣 50 分; 发生重大安全事故扣 100 分	10	
5	操作时长	开始时间:　　　结束时间:　　　总用时: 个人一测站操作时长≤20min,得 10 分; 20min＜操作时长≤30min,得"30 – 操作时长"分; 操作时长＞30min,扣 100 分	10	
存在问题:			总分	
考核教师:_____年_____月_____日				

工作页10 建筑物沉降观测

一、下达工作任务

工作任务如表10-1所示。

工作任务表   表10-1

任务内容:建筑物沉降观测(课外:4学时)		
小组号		场地号
任务要求: 每组完成一栋建筑物的沉降观测	工具: 每组水准仪1台;水准尺2把、钢尺1把;记录板1个	组织: 1.全班按每小组4~6人分组进行,每小组推选一名组长和一名副组长; 2.组长总体负责本组人员的任务分工,要求组内各成员能相互配合,协调工作; 3.副组长负责仪器的借领、归还和仪器的安全管理等事务
技术要求: 沉降观测点相对于后视点高差测定的允许偏差为±2mm		

二、实训指导

1. 布设水准点

在建筑物附近布设稳定牢固的水准点。一般情况下,也可以利用工程施工时使用的水准点,作为沉降观测的水准基点。水准点数目应不少于3个,以便相互校核。对水准点要定期进行检测,以保证沉降观测成果可靠准确。

2. 布设观测点

沉降观测点布设前应对建筑物的形状、结构、地质条件、桩形等因素综合考虑,在能敏感反映建筑物沉降变化的地点进行布设。通常情况下,建筑物设计图纸上绘有专门的沉降观测点布置图;对于无设计沉降观测点的建筑,在布设观测点的时候应特别注意,观测点一定布设在结构物受力体上,以利于更准确地掌握沉降变化。

3. 沉降观测及数据整理

首次沉降观测应在观测点设置稳固后及时进行。沉降观测的周期和观测时间,根据具体情况来定。建筑物施工阶段的观测,应随施工进度及时进行。

每次观测结束后,要检查记录计算是否正确,精度是否合格,并进行误差分配;然后将观测高程列入沉降观测成果表中,计算相邻两次观测之间的沉降量,并注明观测日期和荷载情况。

三、实训记录

(1)制订计划,填写表10-2。

任务分工表 表 10-2

小组号			场地号	
分工安排				
观测点号	观测者	记录、计算者	立尺者	路线示意图

请在下面空白处写出任务实施的简要方案,内容包括操作步骤、技术要求和注意事项等:

(2)实施计划,填写表 10-3。

建筑物沉降观测手簿 表 10-3

仪器:_____ 组号:_____

工程名称		水准点编号	
水准点所在位置		水准点高程	
观测日期	自 年 月 日至 年 月 日		

观测点布置简图:

观测点编号	观测日期	荷载累加情况描述	实测高程/m	本期沉降量/mm	总沉降量/mm	仪器型号	仪器检定日期	施测人

观测点的时间与沉降量、时间与荷载的关系曲线图:

四、自我评估与评定反馈

(1)学生进行自我评估,填写表10-4。

学生自我评估表　　　　　　　　　　　　　　　　　表10-4

实训项目					
小组号		场地号		实训者	
序号	检查项目	比重分	要求		自我评定
1	任务完成情况	40	按要求按时完成实训任务		
2	实训记录	20	记录规范、完整		
3	实训纪律	20	不在实训场地打闹,无事故发生		
4	团队合作	20	服从组长的任务分工安排,能配合小组其他成员工作		

实训反思:

小组评分:_____　　　　　　　组长:_____

(2)教师进行评定反馈,填写表10-5。

教师评定反馈表　　　　　　　　　　　　　　　　　表10-5

序号	操作内容	评分标准	分值	得分
1	仪器操作规范性	圆水准气泡未居中,一次扣5分; 脚架架设不稳定或有碰动(骑马观测),一次扣5分; 迁站时仪器未竖立、脚架未收拢,一次扣5分; 不顾安全狂跑或仪器2m内无人看管或仪器摔地,扣100分; 未穿实训服扣50分; 以上之外的违规情况酌情扣分; 操作正确得20分	20	
2	记录规范性	转抄成果;厘米、毫米改动;涂改、就字改字;连环涂改;用橡皮擦、刀片刮;观测与计算数据不一致,一处扣5分 记录者无回报读数,一站扣2分; 每测站记录表格没有填写完整,一处扣5分; 记录、计算的占位"0"" ± "填写,违反一处扣3分 以上之外的违规情况酌情扣分; 记录规范得20分	20	
3	成果精度	高程、沉降量计算错误一处扣5分	40	
4	设备归位	测量设备(水准仪、脚架等)未摆放整齐扣5分; 仪器设备有损坏或遗失扣50分; 发生重大安全事故扣100分	10	

续上表

序号	操作内容	评分标准	分值	得分
5	操作时长	开始时间：　　　结束时间：　　　总用时： 个人一测站操作时长≤20min，得10分； 20min＜操作时长≤30min，得"30－操作时长"分； 操作时长＞30min，扣100分	10	
存在问题： 考核教师：_____年_____月_____日			总分	